蔡祖聪 / 文　张宁阳 / 图

小英雄还是捣蛋鬼？

——化肥的功与过

科学出版社
北京

内 容 简 介

作物一枝花，全靠肥当家。本绘本采用“小英雄”与“捣蛋鬼”等生动形象的表述方式，配以精美的手绘，讲述了土壤养分供应与作物产量的关系、施用化肥对满足农产品需求的不可或缺性、化肥施用不当对生态环境的负面影响及科学合理施用化肥的原则。希望小读者们从小树立关于化肥“功”“过”的正确认识，理解化肥在农业生产中的重要作用。

本书适合 3 ~ 6 岁年龄段读者进行亲子阅读，以及 6 ~ 10 岁年龄段的读者进行自主阅读。

图书在版编目（CIP）数据

小英雄还是捣蛋鬼？：化肥的功与过 / 蔡祖聪文；张宁阳图. -- 北京：科学出版社，2025. 6. -- ISBN 978-7-03-082523-0

Ⅰ. S143-49

中国国家版本馆CIP数据核字第2025Q08L29号

责任编辑：周 丹 洪 弘 沈 旭 / 责任校对：郝璐璐
责任印制：张 伟 / 封面设计：许 瑞

科学出版社 出版
北京东黄城根北街16号
邮政编码：100717
http://www.sciencep.com

北京中科印刷有限公司印刷

科学出版社发行 各地新华书店经销

*

2025年6月第 一 版 开本：889 × 1194 1/16
2025年6月第一次印刷 印张：3
字数：98 000

定价：89.00元

（如有印装质量问题，我社负责调换）

前　　言

作物是人类驯化、栽培和管理的植物。化肥是作物的粮食。在自然条件下，土壤提供的营养元素只能维持较低的作物产量，而且一部分营养元素因人类收获作物而脱离土壤，会使土壤中作物可吸收的营养元素越来越少，导致作物产量越来越低，于是人类只能开垦新的土壤。随着人口的不断增加，人类对粮食、蔬菜、瓜果等的需求越来越大，而可开垦的土壤则会越来越少。因此，人口数量必然受到土壤资源瓶颈的约束。化肥的“功”就在于极大地提高了作物产量，相当于扩大了土壤资源瓶颈的直径。2020 年，世界人口为 78.6 亿人，仅仅依靠氮肥就间接供养了全球 48% 的人口。但是，由于化肥，特别是氮肥的活动性，施入农田的化肥不可避免地会有一部分扩散到水体、大气和自然状态的陆地生态系统，影响这些系统的质量和生物多样性。这些不利的影响会随着化肥施用量的增加而加大。过量的化肥残留在土壤中，也会破坏土壤的生产力。化肥的不合理施用则极大地放大化肥的这些“过”。如果《小英雄还是捣蛋鬼？——化肥的功与过》这一绘本有助于我们的读者认识化肥对于人类维持当前及继续扩大人口数量的不可或缺性，以及化肥对环境冲击的不可避免性，并自觉地通过各种途径贡献自己的力量，促进化肥的合理施用，在保障粮食生产的同时减少化肥对环境安全的威胁，则不胜欣慰矣。

南京师范大学土壤学教授蔡祖聪

2025 年 2 月 24 日

目　　录

前言

1. 作物的粮食——化肥 1

2. 我们喜欢吃什么？ 3

3. 阳光厨房——光合作用 5

4. 土壤里的营养餐 7

5. 我的伙伴固氮生物 9

6. 岩石、矿物送营养 11

7. 营养循环 13

8. 毁林种地 15

9. 丰收舞会 17

10. 有机废弃物特工队助力还田 19

11. 土地在求救 21

12. 空气变化肥？ 23

13. 化肥小英雄变成捣蛋鬼！ 25

14. 化肥小英雄的功劳簿 26

15. 庄稼也要吃饱 29

16. 贪吃会纵容捣蛋鬼 31

17. 偏食警报 33

18. 注意施肥时间表 35

19. 施肥定位要准确 37

20. 让化肥小英雄歇歇脚 39

21. 小英雄还是捣蛋鬼？ 41

后记 42

这就是我——水稻

1. 作物的粮食——化肥

大家好，我是粮食作物的代表水稻，跟大家一起聊聊我们作物的粮食——化肥。化肥小·英雄可调皮啦，有时帮我填饱肚子，有时又偷偷溜去捣乱……

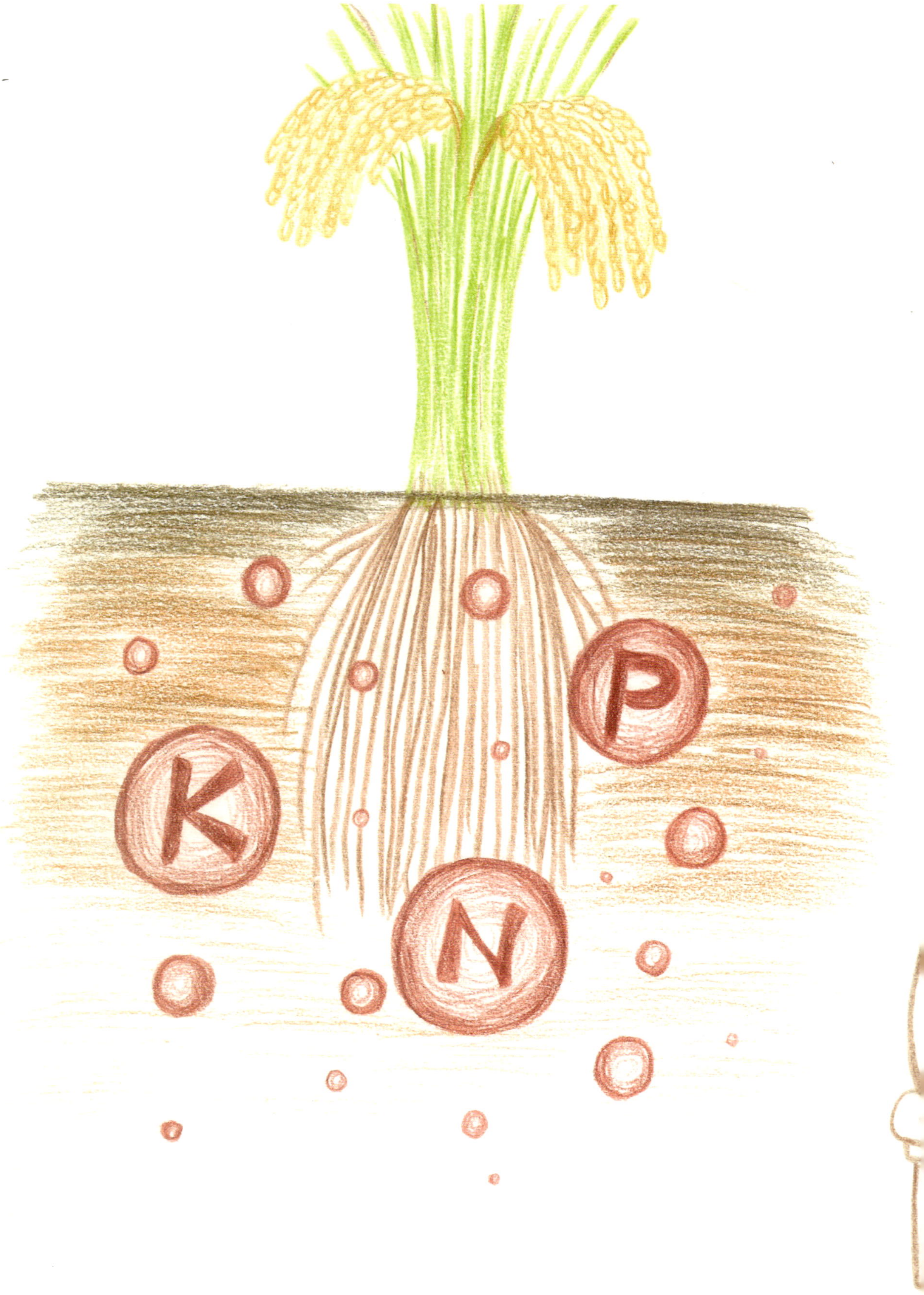
P
K
N

2. 我们喜欢吃什么?

你们人类、动物和大部分微生物都喜欢吃以碳、氢、氧为主组成的有机物质，称为有机营养型。我们植物则喜欢吃以二氧化碳（CO_2）、水等为主的无机物质，称为矿质营养型。

O_2
CO_2
H_2O

3. 阳光厨房——光合作用

叮咚！这里是阳光厨房。当太阳照到我们身上时，我们的叶片将二氧化碳和水转化为有机物质，这时我们就能开开心心地大吃一顿，美美地吸收营养。这一过程称为光合作用。

O_2
CO_2
B
K
N
Fe
P
Mg
N
Ca
Cl
Mo
Mn
P
K
S
K

4. 土壤里的营养餐

除二氧化碳和水中的碳、氢与氧之外，我们还需要吃大量的氮 (N)、磷 (P)、钾 (K)，中量的钙 (Ca)、镁 (Mg)、硫 (S)，微量的铜 (Cu)、锌 (Zn)、铁 (Fe)、硼 (B)、钼 (Mo)、锰 (Mn)、氯 (Cl) 及有益元素镍 (Ni) 和硅 (Si) 等。这些都称为我们的必需营养元素。除了二氧化碳中的碳，我们的其他必需营养元素主要来自土壤这张餐桌。我们主要通过根进食。

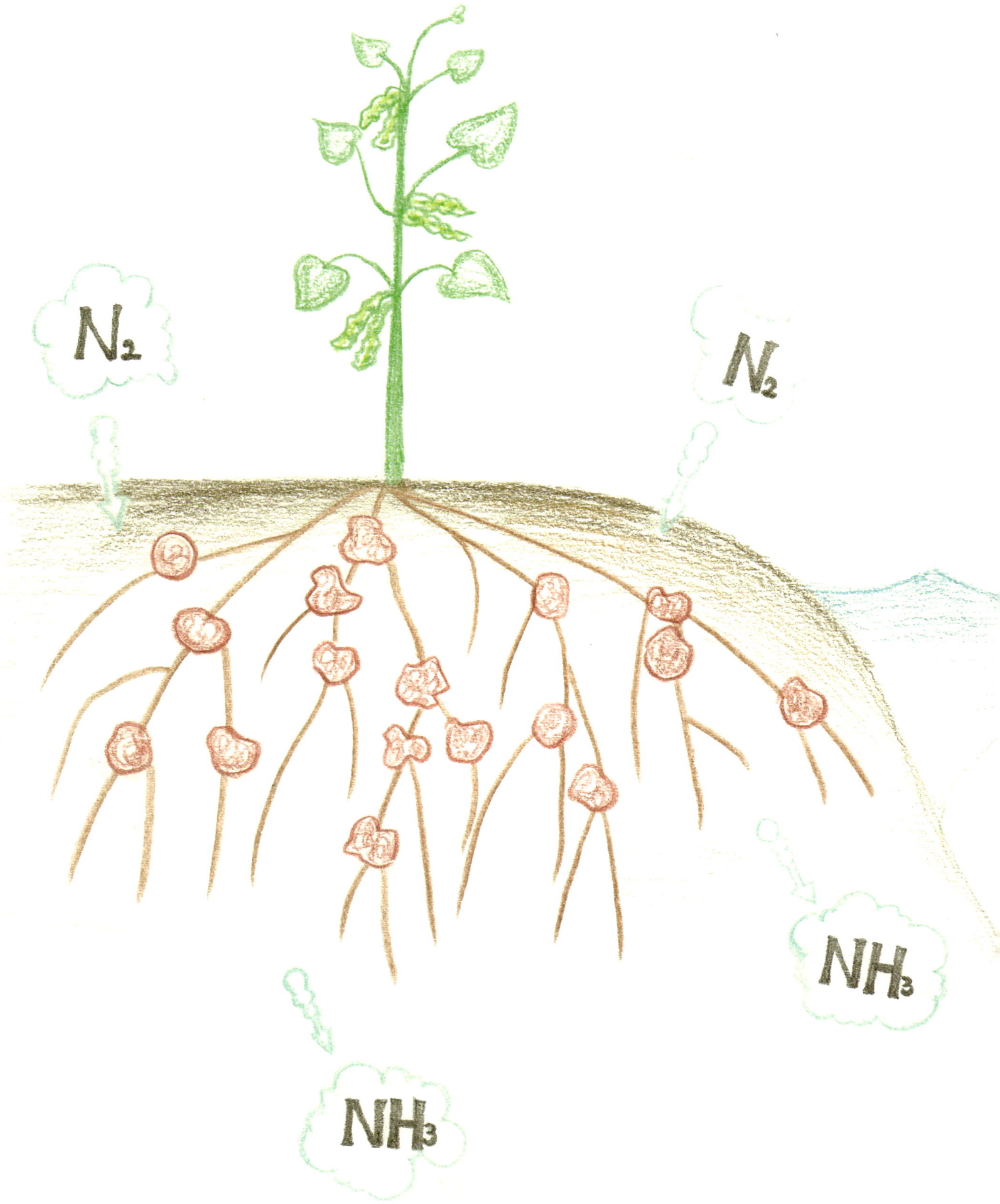
N2
N2
NH3
NH3

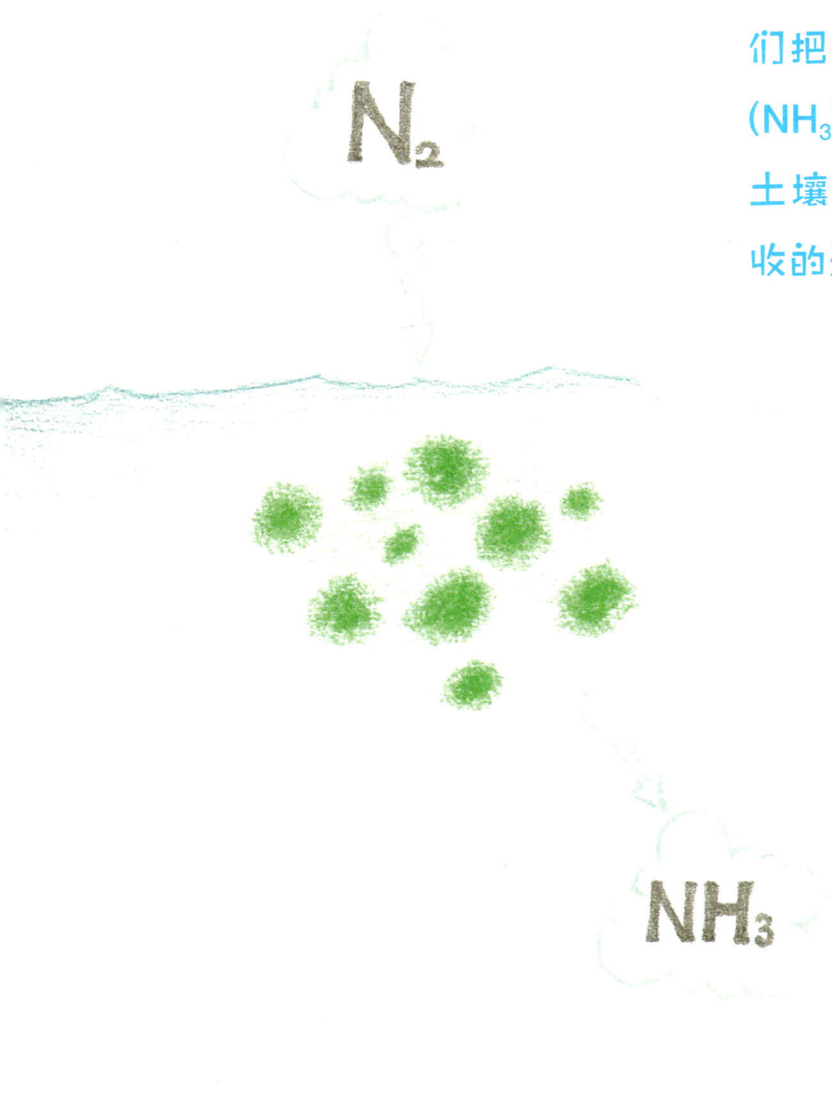

5. 我的伙伴固氮生物

感谢我的伙伴固氮生物，它们把空气中的氮气（N_2）转化为氨（NH_3），并与我们分享。这是自然土壤中氮的主要来源。我们将吸收的无机氮转化为有机氮。

P
K
Ca
K
P

6. 岩石、矿物送营养

其他营养元素会从岩石和矿物中悄悄跑出来，一路跑到土壤餐桌上，变成我们可以吸收的养分。这时，我们就会大口大口地把它们吃掉。被吃掉的营养元素在我们体内转变成为有机态，或者与有机物质结合，留在体内。

［注］植物一般不能直接吸收岩石和矿物中的营养元素，只有通过风化过程等将这些元素从岩石和矿物中分离出来才能被植物吸收。能被植物吸收的元素存在状态称为有效态。

P
N
K
Ca
Mg
S

7. 营养循环

我们的果实、枯枝落叶、死亡的根等被人和动物及微生物当作食物，最终我们体内的必需元素都以有机物质和无机物质形态回到土壤，有机物质被微生物分解后也成为无机物质形态，再次被我们利用。在天然的森林和草地中，土壤餐桌上我们可吸收的营养元素会越积越多。

8. 毁林种地

因为天然生长的野果不能满足你们人类的需要，所以你们的祖先砍掉森林，耕翻草地，种上我们的作物前辈，生产你们需要的粮食。

9. 丰收舞会

你们收割下作物，满载而归，把粮食放进粮仓，土壤餐桌上的营养元素就这样被偷偷打包带走了。这样，土壤餐桌上的空盘子越来越多，我们的食物会越来越少。

10. 有机废弃物特工队助力还田

人类最早想到的，是让不能食用的作物部分、餐厨垃圾、人和动物排泄的有机废弃物特工队钻进土壤，它们开着养分快递车，帮助延缓土壤变贫瘠的速度。

N
K

11. 土地在求救

地球上的人越来越多，需要的粮食也越来越多，对我们作物产量的要求越来越高。可是，有机废弃物特工队能力有限，土壤中的营养越来越少，快要“滴滴滴”报警啦！我们已经不可能满足人口大量增长对粮食的需要。

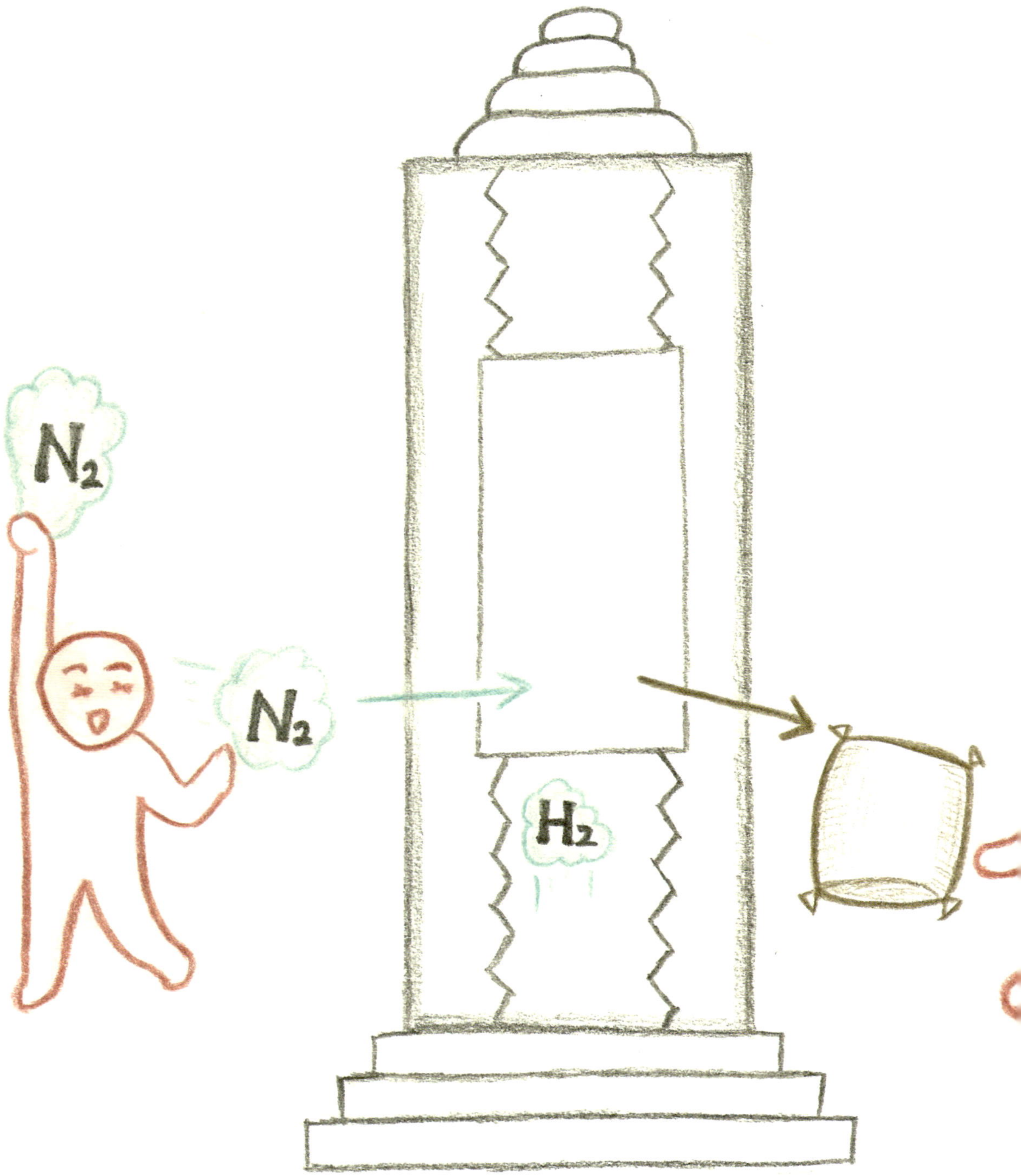
N_2
N_2
H_2

12. 空气变化肥?

于是，你们的科学家想到了为作物生产粮食，那就是化肥。其中，最伟大的发明来自德国化学家弗里茨·哈伯（Fritz Haber）和卡尔·博施（Carl Bosch）。哈伯在实验室条件下从空气中制造出了氨，因此获得1918年诺贝尔化学奖；博施实现了空气中制造氨的工厂化生产，因此获得1931年诺贝尔化学奖。为纪念他们的贡献，从空气中生产氨的过程被称为哈伯－博施过程。

N
Ca
K
N
P
Mg
S

13. 化肥小英雄变成捣蛋鬼！

化肥小英雄大多是盐类无机物，可以被我们很容易地吸收，这样我们就可以大快朵颐一番！但他们也很容易从土壤中跑掉，偷偷溜出去玩儿！要是跑进小河里打个滚，或者钻进空气里捉迷藏，它们就成了污染物，变身捣蛋鬼啦！

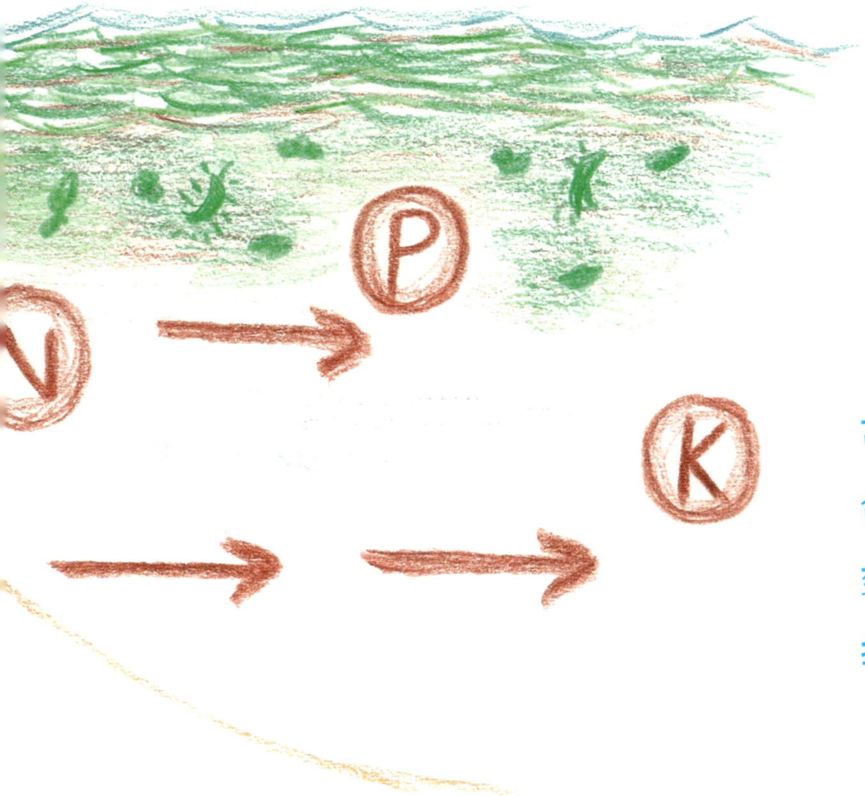

［注］盐类物质大多数可以溶于水，比如食盐让食物变咸，小苏打让蛋糕变得松软，味精可以给菜提味增鲜。

14. 化肥小·英雄的功劳簿

多亏了化肥小·英雄，你们人类就可以通过施用化肥满足我们作物高产对养分的需求，让我们肚子里灌饱能量。化肥为人类消除饥饿、保障粮食安全做出了重大贡献，这可是小·英雄的大功劳。同时也可以遏止土壤餐桌上养分元素的亏损趋势。

N
K
P

猜猜谁按时吃了“营养套餐”？

15. 庄稼也要吃饱

我们作物吸收营养与人类吸收营养一样，一定要讲科学。首先，施用量要适当，就如你们人类进食要适量，不能贪多，也不能饿肚皮。施肥不够，我们会营养不足，就不能高产。

16. 贪吃会纵容捣蛋鬼

但是，施肥太多，我们吸收营养过量，会倒伏、贪青，产量下降。这时，化肥变身捣蛋鬼，成群结队地挤在泥土里聚会，增加土壤中盐分的积累，称为次生盐渍化。它们你追我赶地溜进小河里打滚，钻进空气中翻跟头，增加了流入水体和空气中的养分，加重了对水体和空气的污染。

［注］贪青：作物该成熟时，叶子却拒绝变黄，还是青青绿绿的。

次生盐渍化：自然条件变化或不合理灌溉、排水、施肥等人为干扰，导致原本没有大量可溶性盐分的土壤逐渐积累可溶性盐分，转化为盐渍土的过程。

N
K
P
Ca

17. 偏食警报

与你们人类不可偏食一样，我们需要的营养元素氮（N）、磷（P）、钾（K），中量元素及微量元素，它们的比例也要合理。

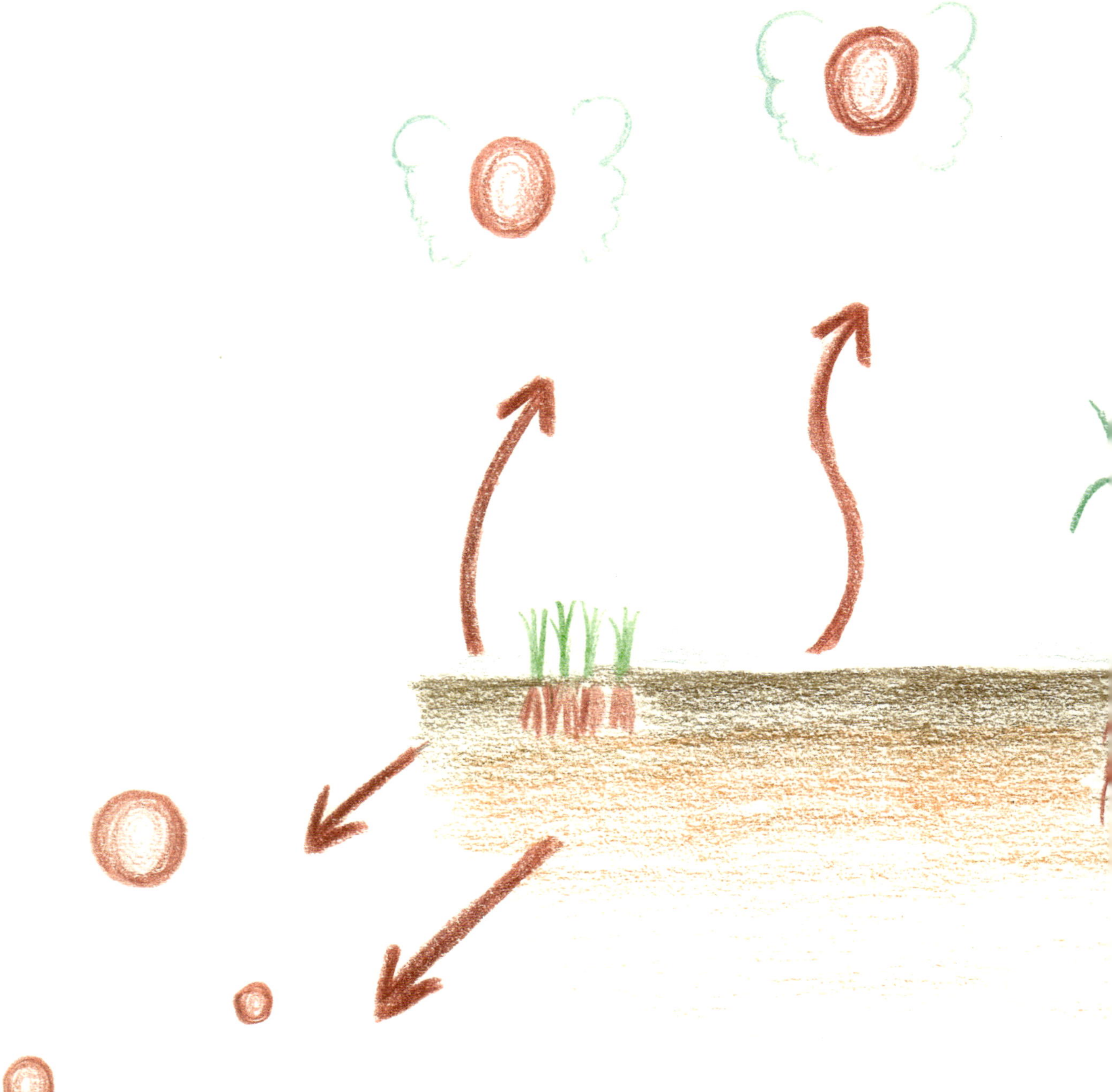

18. 注意施肥时间表

施得过早，我的根还没有长成，养分流失风险大；施得太迟，我们已接近成熟，会贪青或不再吸收利用化肥中的营养。

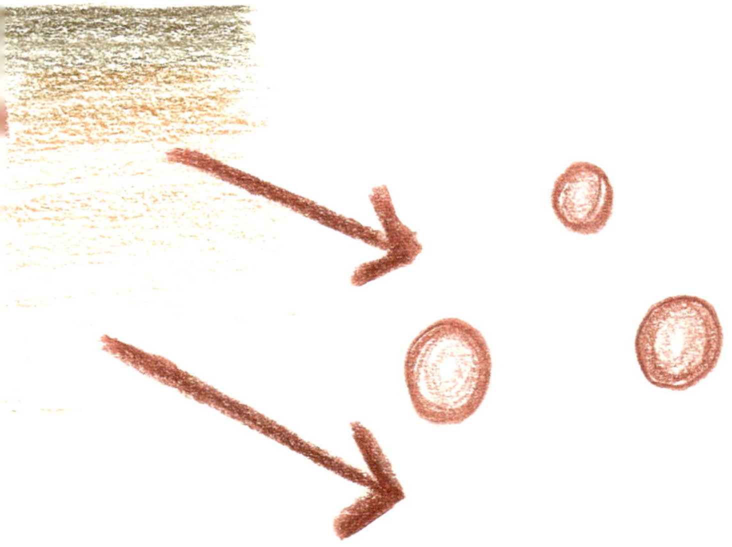

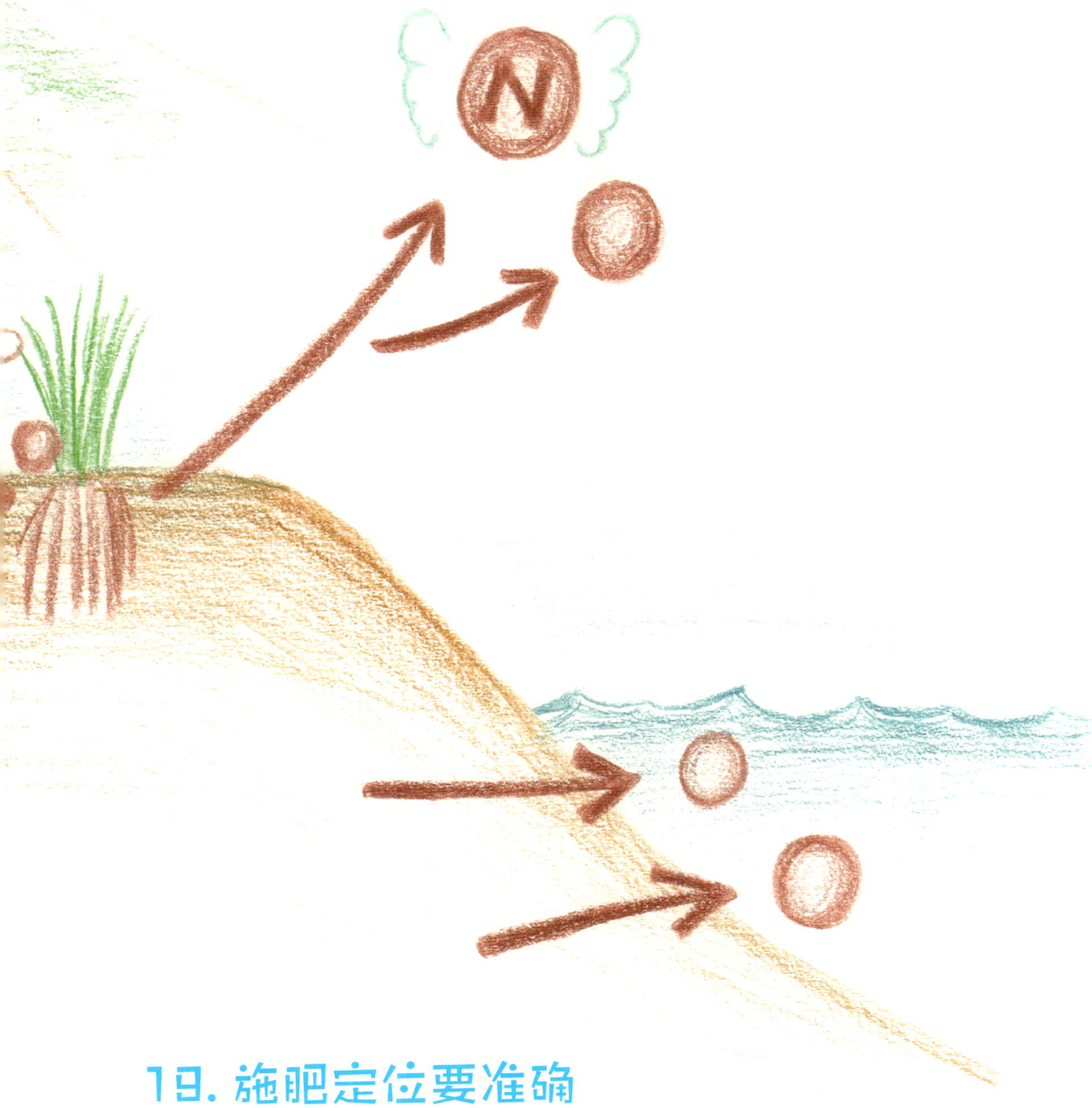

19. 施肥定位要准确

将化肥施在土的表面，操作看上去是方便了，但营养容易损失；施得太深、离根太远，我们的根够不着，饿着肚子，就不能吸收利用土壤餐桌上的营养元素。

20. 让化肥小英雄歇歇脚

虽然你们人类有了化肥，随时可以给我们作物施肥，但是，仍然不要忘了把有机废弃物归还给土壤，让化肥小英雄偶尔歇歇脚，降低对化肥小英雄的依赖程度。

21. 小英雄还是捣蛋鬼?

化肥是小英雄还是捣蛋鬼? 它的功与过全在于人类能否科学、合理地施用。人类学会了科学施用化肥, 它就能成为小英雄, 为人类消除饥饿、保障粮食安全做出最大的贡献, 同时不会变身捣蛋鬼, 很少影响生态环境。

后　　记

可以说，《小英雄还是捣蛋鬼？——化肥的功与过》看着我走完了高中三年。2020 年《氮的奇幻之旅》完稿之后，蔡爷爷就提议出一本向小朋友们介绍化肥的绘本。2022 年，文字部分初具雏形，我在此基础上构思出 21 幅草图，却只完成了 7 幅。随后到来的高二、高三两年，我沉浸于学业之中，竟一笔都没有动。2025 年初，在久违的长达一个多月的寒假里，我一鼓作气，完成了一直在心中蛰伏、从未遗忘的这件大事。

相较于前两本书，这本书的画面追求简洁明快，反映了我从小学到大学的成长，也是我在绘画风格上的一次探索。

张宁阳

2025 年 2 月 12 日